Wie gehen Astronauten
im Weltall aufs Klo?

Können die Astronauten
ihre Heimatstadt sehen?

Wer räumt im Weltall
den Müll auf?

Wo ist im Weltall oben und unten?

Wie ist der Mond
entstanden?

Was passiert auf dem Mond
mit einer Tüte Chips?

Gibt es Wind auf dem Mond?

Woher kommen
die Ringe vom Saturn?

Was ist ein schwarzes Loch?

Warum stoßen die
Planeten nicht zusammen?

Impressum

Band 7 der Reihe
„Was Kinder wissen wollen“
Velber Verlag
3. Auflage 2007

Illustrationen: Detlef Kersten
Coverfoto: NASA
Fotos: NASA/JPL/DLR/RPIF

Text und Redaktion: Ulrike Berger
Layoutentwurf: Christoph von Herrath
Layout: Anja Schmidt
Repro: Bild & Text Baun, Fellbach
Druck und Bindung: Proost, Belgien

ISBN 978-3-86613-237-5

Wo ist im Weltall oben und unten?

Verblüffende Antworten über den Kosmos

velber

Wie werden Sterne geboren?

Sterne werden in Wolken aus Gas und Staub geboren. Manche dieser Wolken enthalten so viel Material, dass darin noch hunderttausend Sterne geboren werden können! In einigen Bereichen dieses Nebels ist es etwas kühler und die Gasteilchen rutschen näher zusammen. Sie bewegen sich dann wie kleine Magneten immer weiter aufeinander zu und prallen immer heftiger zusammen. Sie werden zu einem riesigen heißen Klumpen. Zuletzt wird dieser Klumpen so heiß, nämlich mehr als 10 Millionen Grad, dass darin das Wasserstoffgas zu dem Gas Helium umgewandelt wird. Dabei wird eine riesige Menge Energie frei. Und diese Energie bringt den Klumpen zum Leuchten. Ein neuer Stern ist geboren!

Haben Sterne Zacken?

Wir malen Sterne gerne mit Zacken. Das hat auch seinen guten Grund. Denn oft sehen wir, wie die Sterne funkeln und von ihnen Strahlenbündel ausgehen.
In Wirklichkeit sind Sterne Sonnen – und damit auch so rund wie unsere Sonne. Warum funkeln die Sterne nun so, dass es aussieht, als ob sie Zacken hätten?
Rund um unsere Erde liegen viele dichte Luftschichten – unsere Atmosphäre. Licht, das von fernen Sternen zu uns auf die Erde wandert, muss durch diese Luftschichten hindurch. Weil die Luft aber ständig in Bewegung ist, wird der Lichtstrahl dabei „verwackelt“: Das Licht wird sozusagen hin und her geschubst. Daher funkeln Sterne für uns auf der Erde.

Experiment:
Suche eine leicht verkratzte Glasscheibe oder eine Folie. Halte diese vor eine Lampe. Und schon kannst du es beobachten: Obwohl die Glühbirne rund ist, bekommt sie nun, durch die Folie betrachtet, lauter kleine Zacken …

Was ist ein Komet?

Kometen bestehen aus Eis, Staub und Steinen. Sie sind sozusagen „schmutzige Schneebälle“. Viele Kometen ziehen ihre Bahnen rund um die Sonne. Ihre Umlaufbahnen sind aber nicht kreisrund, sondern ziemlich „zerquetschte“ Kreise. Deshalb sind die Kometen meist weit weg von der Sonne und von uns nicht zu sehen. Manche kommen nur alle siebzig Jahre oder gar nur alle 1000 Jahre in unsere Nähe.

Nähert sich ein Komet der Sonne, so schmilzt ein bisschen von dem Eis des Kometenkerns und verdampft. Die Sonnenwinde wehen diesen Dampf vom Kometenkern weg – und so entsteht ein leuchtender Kometenschweif. Jedes Mal, wenn ein Komet der Sonne nahe kommt, verliert er etwas Eis – bis der Komet irgendwann ganz verdampft ist.

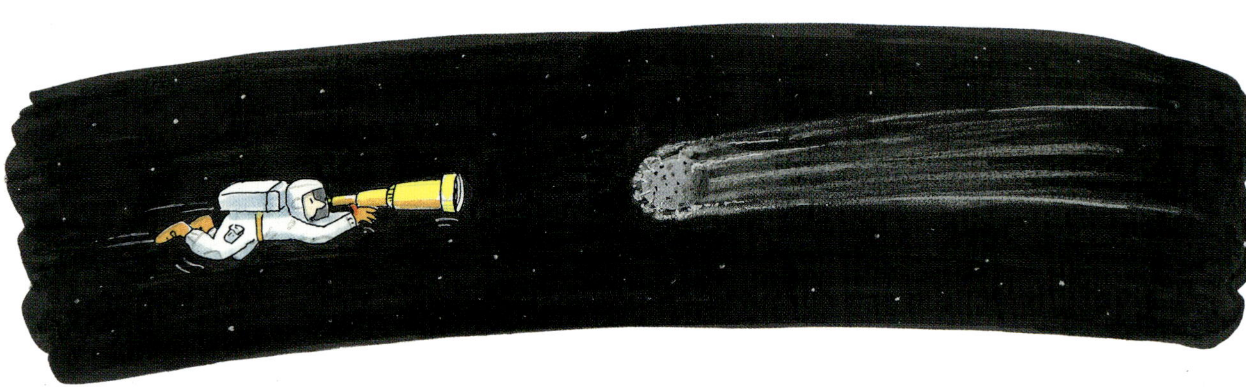

Komet Hyakutake

Komet Halley

Was sind Sternschnuppen?

Sternschnuppen haben mit Sternen eigentlich nichts zu tun. Sic sind winzige Staubteilchen, die durchs All fliegen. Wenn sie die Erde treffen, verglühen sie in der Erdatmosphäre. Sie verdampfen und lassen dabei einen kurzen hellen Streifen leuchtender Gase hinter sich.
Jeden Tag dringen Millionen solcher Staubteilchen in unsere Atmosphäre ein. Wir bemerken aber nur die allerwenigsten davon.

Ganz besonders viele solcher Sternschnuppen gibt es, wenn ein Komet in die Nähe der Erde kommt. Denn hinter einem Kometen zieht oft eine Staubwolke her. Dann fällt manchmal ein richtiger Sternschnuppenregen auf die Erde.

Welche Farbe hat das Universum?

Wenn du hochguckst in den Nachthimmel, erscheint dir der Weltraum schwarz. Aber alle Sterne, Nebel und Gase im Weltall haben verschiedene Farben. Die Farbe eines Sterns hängt davon ab, wie alt ein solcher Stern ist, wie heiß und wie groß er ist und so weiter. Zum Beispiel gibt es blaue Riesensterne oder kleine rote Sterne.

Genauso ist es auch mit den Gasen und Nebeln. Wissenschaftler haben alle Farben, die sie entdecken und berechnen konnten, gezählt und im Computer gemischt.
Und dabei kam die große Mischfarbe des Universums heraus: Alle Farben im Weltall zusammen ergeben die Farbe Beige!

Welche Temperatur herrscht im Weltall?

Das Weltall ist ein lebensfeindlicher Ort. In der Tiefe des Weltalls und dort, wo kein naher Stern hinstrahlt, kann es bis zu minus 270 °C kalt werden – das ist nahe am so genannten „absoluten" Temperatur-Nullpunkt. Auf der „Nachtseite" des Mondes wird es immerhin noch minus 180 °C kalt. Und dort, wo die Sonnenstrahlen auftreffen, wird es über 200 °C heiß! Astronauten können also nur mit gut schützenden Raumanzügen „Weltraumspaziergänge" unternehmen. In diese Anzüge sind Vorrichtungen eingebaut, die dafür sorgen, dass immer die gleiche Temperatur herrscht. Egal ob der Astronaut an der Sonnenseite der Raumfähre arbeitet oder an der Schattenseite.

Wie lange dauert ein Tag auf der Raumstation ISS?

Ein Tag auf der Erde dauert 24 Stunden – von einem Sonnenaufgang bis zum nächsten. Die Internationale Raumstation ISS fliegt aber so schnell um die Erde, dass dort alle 45 Minuten die Sonne entweder auf- oder untergeht. Von einem Sonnenaufgang zum nächsten dauert es dort also nur 90 Minuten. Genau genommen dauert also ein Tag auf der ISS exakt eineinhalb Stunden.

Um an Bord kein Chaos aufkommen zu lassen, wird im All trotzdem mit 24 Stunden gerechnet. Die genaue Uhrzeit auf der ISS richtet sich dabei nach der offiziellen Luftfahrtzeit: Das ist die Zeit, die in Greenwich, einer alten Sternwarte bei London, gilt.

Was gibt es im Weltall zum Abendessen?

Essen und Trinken im Weltall will gelernt sein. Denn das Brot bleibt nicht einfach auf dem Teller liegen. Ein kleiner Stoß – und schon schwebt es durch den Raum. Auch die Getränke bleiben nicht im Glas. Gegessen wird im Weltraum daher meist aus Dosen oder Vakuum-verpacktes, zum Beispiel Hamburger. Und Getränke gibt es nur in Tüten. Das Essen wird vorher auf der Erde probiert und die Astronauten suchen sich ihre Lieblingsnahrung aus. Das Komische ist nur: In der Schwerelosigkeit schmeckt das Essen immer anders. Und dann beginnt auf der Station der Essenstausch: „Tausche Hamburger gegen Spagetti." Die Astronauten berichten, dort oben schmecken vor allem würzige Sachen.

Aber so richtig würzen kann man im Weltall leider nicht. Denn Pfeffer oder Salz würden ja durch die Station schweben. Und das kann, genauso wie Brotkrümel, sehr gefährlich werden. Die kleinen Teilchen könnten nämlich in die Computer fliegen – oder einem Astronauten in die Nase oder die Augen. Pfeffer und Salz gibt es also nur als eine Art flüssige Paste, die man über das Essen schmiert. Guten Appetit!

Wie sieht ein Bett im Weltall aus?

Da es keine Schwerkraft gibt, können sich Astronauten zum Schlafen nicht in ein Bett legen. Sie ziehen sich in einen Schlafsack zurück. Dieser Sack hat vorne einen Reißverschluss und am Rand zwei Löcher für die Arme. Er ist an einer Wand festgebunden. Der Schlafsack ist nicht als Kuschelplatz gedacht, sondern ist nötig, damit die Astronauten beim Schlafen nicht durch die Station fliegen. Damit sie trotzdem das Gefühl haben, auf einem Bett zu schlafen, binden sie sich manchmal die Füße und den Kopf fest – denn für manche Astronauten ist nichts unangenehmer als ein Kopf, der beim Schlafen herumbaumelt.

Wichtig ist auch ein Ventilator neben dem Kopf. Dicser sorgt dafür, dass die ausgeatmete Luft weggeblasen wird und frische Luft zum Atmen da ist. Denn ohne die Schwerkraft steigt die ausgeatmete warme Luft nicht nach oben. Und es strömt keine frische Luft nach. Daher besteht die Gefahr, dass die Astronauten beim Schlafen an dem ausgeatmeten Kohlendioxid ersticken.

MF570
CO2 ABSORBER
MD52M

Wie gehen Astronauten im Weltall aufs Klo?

Ein Astronautenklo funktioniert fast wie ein Staubsauger, mit dcm man Flüssigkeiten absaugen kann. Der Staubsauger ersetzt im Weltall die fehlende Schwerkraft: Er zieht alles, was die Astronauten ins Klo machen, nach unten. Außerdem hat das Weltallklo auch Haken. Damit muss sich der Astronaut festklemmen, damit er nicht wegfliegt. Erst dann wird der Auffang-Behälter unter dem Astronauten geöffnet und der Luftstrom eingeschaltet. Das ist ziemlich kalt am Po und sehr gewöhnungsbedürftig!
Das Loch in dem Astronautenklo hat nur die Größe eines Bierdeckels. Deshalb müssen die Astronauten den Gang zur Toilette hier auf der Erde vorher richtig üben.

Wenn Astronauten mal Pipi machen müssen, machen sie in ein Auffang-Röhrchen. Der Urin geht dann durch einen Schlauch direkt in den „Staubsauger".

Übrigens:
Alles, was der Staubsauger gesammelt hat, nehmen die Astronauten wieder mit zurück zur Erde.

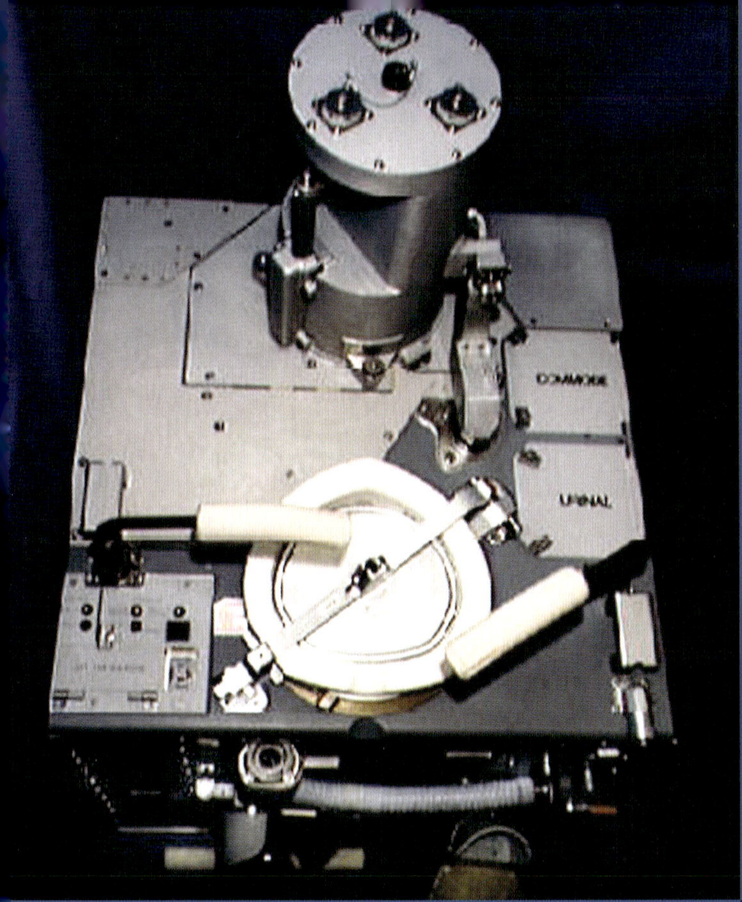
COMMODE
URINAL

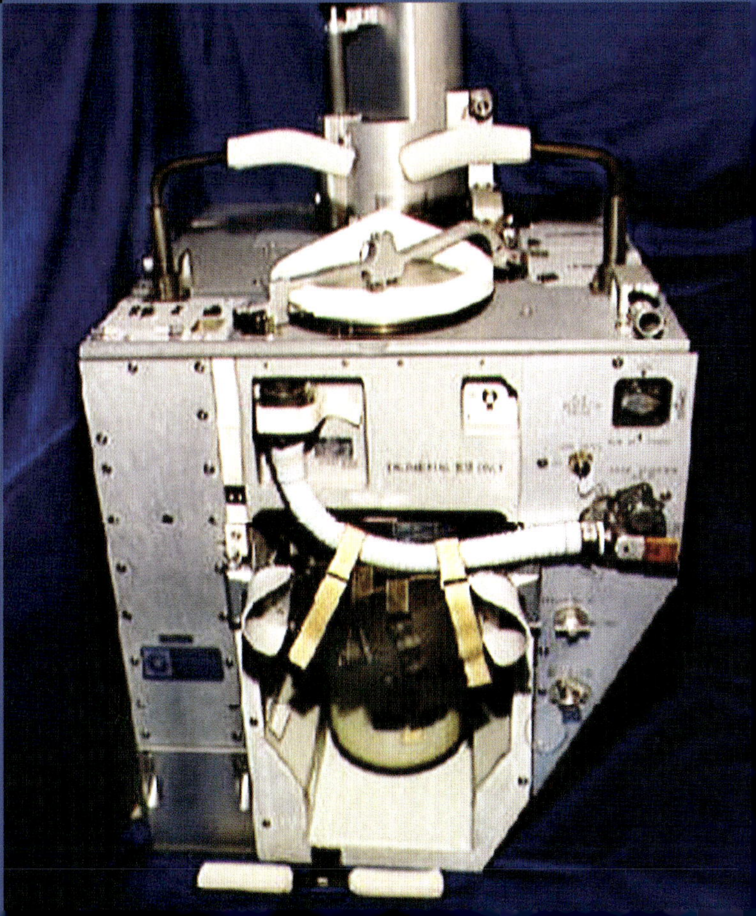

Haben Astronauten am Wochenende frei?

Auf der Raumstation ist es sehr, sehr eng. Deshalb ist es wichtig, dass die Astronauten zwischendurch auch frei haben und einfach Dinge tun, die ihnen Spaß machen. Musizieren, Videos angucken oder einfach miteinander Spaß haben. Für die Astronauten, die mehrere Monate lang auf der ISS bleiben, ist das sogar besonders wichtig. Wie die meisten Menschen, die jeden Tag arbeiten, bekommen sie am Wochenende frei. Einer muss zwar immer aufpassen, dass an Bord alles richtig funktioniert. Die anderen haben aber Zeit zum Kartenspielen, sie lesen oder unterhalten sich per „Weltraumtelefon“ mit ihren Familien auf der Erde.

STBD

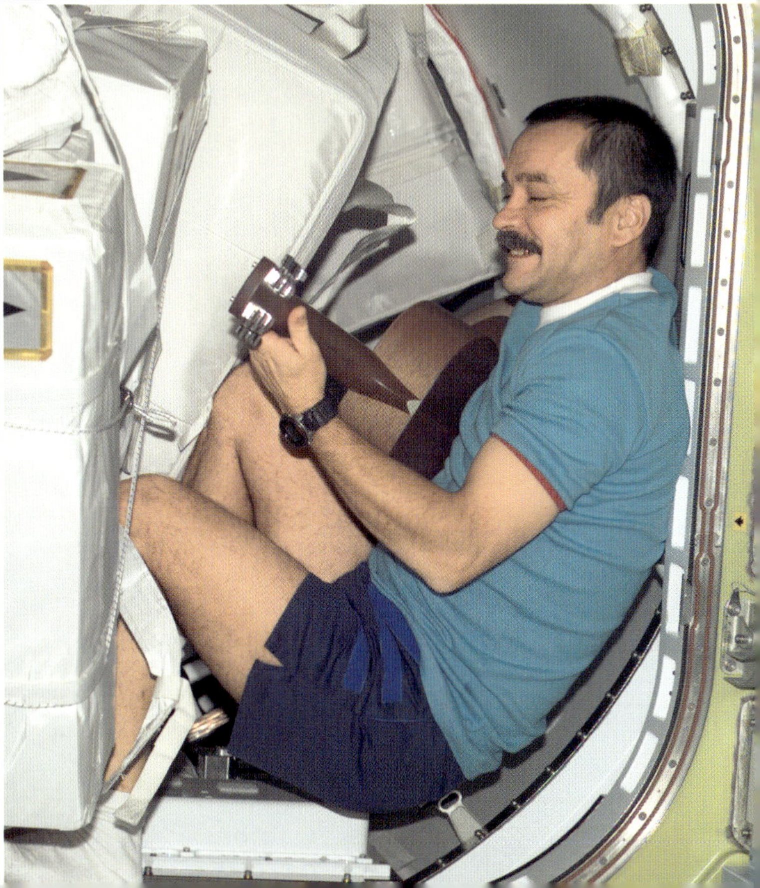

Können die Astronauten ihre Heimatstadt sehen?

Wenn die Astronauten in der Raumstation oder im Space Shuttle Zeit haben, gucken sie am liebsten hinunter auf die Erde. Sie versuchen dabei zu erkennen, wo sie sich gerade befinden. Besonders beliebt ist es, die eigene Heimatstadt aus dem Weltall zu suchen. Tagsüber ist das recht schwierig. Deshalb gibt es an Bord spezielle Karten, auf denen die Überflugroute des Raumschiffs oder der Station eingezeichnet ist. So können sich die Astronauten etwas leichter orientieren.
Am einfachsten ist die Heimat bei Dunkelheit zu entdecken. Dann können die Astronauten aus dem Weltall die Lichter der Erde sehr gut sehen. Jetzt erkennen sie Küsten, Städte, Ortschaften und Straßen. Und mit etwas Glück auch ihre eigene Heimatstadt.

Wer räumt im Weltall den Müll auf?

Rund um unsere Erde fliegen viele Satelliten. Darunter sind inzwischen mehr als 4000 Satelliten, die schon lange nichts mehr zur Erde senden. Dazu kommen noch mehr als 100000 Schrottteile, die größer als ein Zentimeter sind. Diese stammen zum Beispiel von abgeworfenen Raketenoberstufen oder es sind verlorene Schrauben. Und über 200 Mülltüten fliegen aus den ersten Jahren der russischen Raumstation MIR durchs Weltall. Die Umlaufbahnen rund um die Erde sind also zu einer riesigen Müllhalde geworden. Diese Müllteile stellen eine große Gefahr für Raumschiffe dar. Es gibt daher besondere „Weltallkarten", auf denen die größeren Teilchen aufgezeichnet sind – wie auf dem Foto zu sehen ist. Denn was wie ein funkelndes Lichtermeer aussieht, ist in Wirklichkeit eine Schrottschicht, die unsere Erde umgibt. Wer durchs Weltall fliegt, muss sich diese Karten also genau angucken.

Übrigens:
Die Astronauten der Raumstation müssen ihren Müll immer zurück zur Erde bringen!

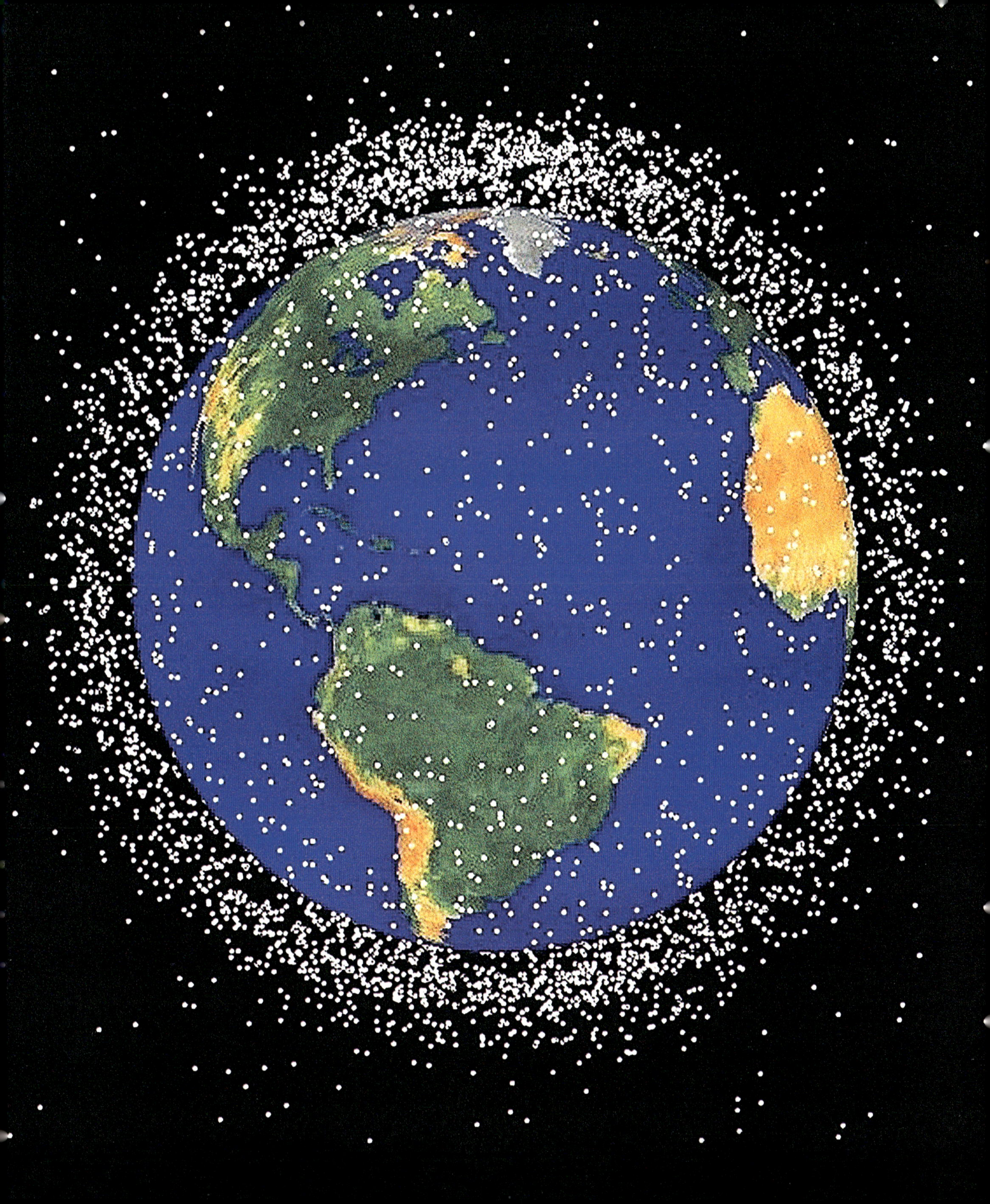

Wo ist im Weltall oben und unten?

Hier auf der Erde ist es einfach zu sagen, wo oben ist. Eine Baumkrone ist zum Beispiel drei Meter über dir. Und da, wo der Apfel hinfällt, ist unten.
Aber wie ist das, wenn ein Astronaut im Weltall schwebt? Wo ist jetzt oben und unten? Und wie erklärt man, in welche Richtung das Raumschiff fliegen muss, um zum Saturn zu gelangen?
Hierfür haben sich die Astronomen etwas ausgedacht. Sie tun so, als ob unsere Erde in der Mitte einer Kugel liegt. Auf die Schale der Kugel werden nun alle Sterne oder Planeten aufgebracht – egal wie weit weg sie sind –, die Astronauten wollen ja nur wissen, in welcher Richtung sie liegen. Diese Kugel wird jetzt in zwei Halbkugeln geteilt. Alle Sterne, die an der oberen Hälfte der Kugel sind, sind also „oben“, die anderen „unten“.

Übrigens:
Weil Astronauten im Weltall kein „oben“ oder „unten“ spüren, ist vielen von ihnen am Anfang so richtig speiübel – sie sind weltraumkrank. Aber spätestens nach zwei Tagen hat sich ihr Körper daran gewöhnt.

Wie ist der Mond entstanden?

Vor etwa 4,4 Milliarden Jahren, also kurz nach der Entstehung unseres Sonnensystems, gab es einen Unfall im Weltall: Ein Himmelskörper, der etwa so groß war wie der heutige Planet Mars, ist mit der Erde zusammengestoßen. Dabei wurden gewaltige Mengen von glühendheißem flüssigem Gestein aus der Erde herausgeschlagen und ins Weltall geschleudert. Ein großer Teil dieser „Gesteinsspritzer" fügte sich zu einer Kugel zusammen und erkaltete. So bildeten sie unseren Mond. Der Mond besteht also aus dem gleichen Material wie unsere Erde – denn er war einmal ein Teil der Erde!

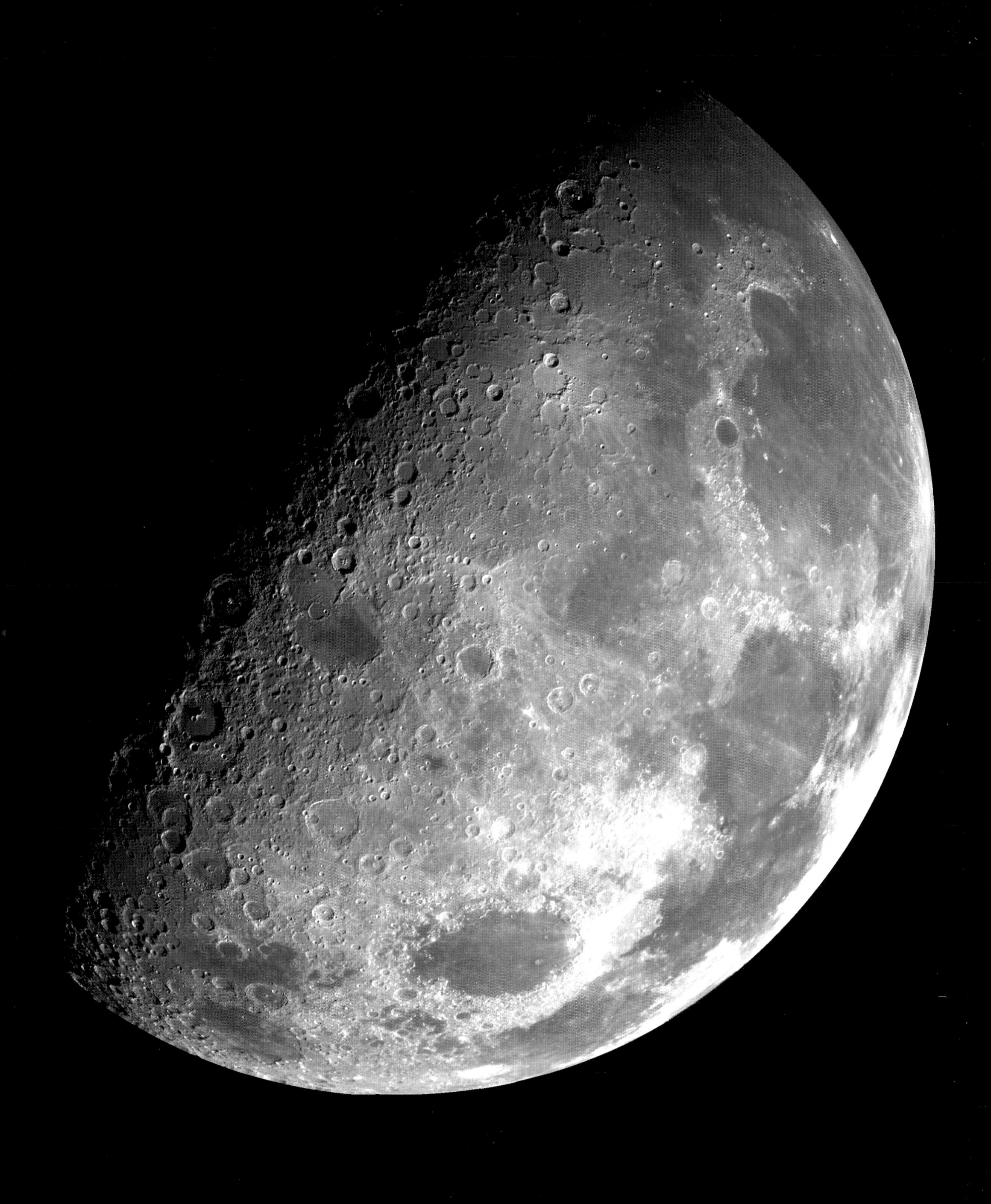

Was passiert auf dem Mond mit einer Tüte Chips?

Der Mond hat keine Atmosphäre. Das bedeutet, dass es dort auch keine Luft zum Atmen gibt. Doch in einer Tüte Kartoffelchips ist aber Luft drin – von der Erde. Wenn diese Tüte nun auf den Mond kommt, passiert Folgendes: Alle kleinen Luftteilchen wollen ganz schnell aus der Tüte hinaus, dorthin wo sie viel, viel mehr Platz haben. Sie drücken von innen gegen die Tüte und RUMMS – die Tüte explodiert sofort und alle Chips fliegen dir um die Ohren. Genauer: um deinen Astronautenhelm, den du ja aufhast, weil es auf dem Mond keine Luft zum Atmen gibt!

Chips

Gibt es Wind auf dem Mond?

Auf dem Mond gibt es keine Luft. Und wo keine Luft ist, kann auch kein Wind sein. Denn Wind ist Luft, die sich bewegt. Auf dem Mond ist es also völlig windstill. Und es gibt auch keinen Regen.
Das hat verschiedene Folgen. Zum einen sieht man heute noch alle Fußabdrücke der Astronauten, die vor über 30 Jahren auf dem Mond waren, auf dem Boden. Denn kein Wind oder Regen kann sie verwischen. Die Fußabdrücke werden auch noch in einer Million Jahren dort zu sehen sein ...
Und eigentlich kann auch keine Flagge wehen. Um ein Bild wie das rechte zu erhalten, benutzten die Astronauten einen Trick: Sie bauten eine kleine Stange oben an die Fahne und hängten die Flagge daran. Schau genau hin, du kannst diese Stange erkennen!

Woher kommen die Ringe vom Saturn?

Alle großen Gasplaneten in unserem Sonnensystem, Jupiter, Saturn, Uranus und Neptun, haben Ringe. Jupiter, Uranus und Neptun haben nur wenige dunkle Ringe. Saturn dagegen hat tausende von Ringen, die auch noch leuchten.

Diese Ringe bestehen aus Eis und Gesteinsbrocken, die so groß wie Häuser sein können.
Die Ringe sind Reste aus der Zeit, in der sich der Planet geformt hat. Sie kreisen sozusagen als Restmüll um den Planeten.

Was ist ein schwarzes Loch?

Ein schwarzes Loch ist ein unsichtbarer Himmelskörper. Schwarze Löcher sind nur zu erkennen, weil hier merkwürdige Dinge vor sich gehen: Staub oder Gase verschwinden – sogar ganze Sterne, die vorher zu sehen waren, sind von den Astronomen nicht mehr zu entdecken. Solche schwarzen Löcher entstehen, wenn große Sterne sterben. Dabei kommt es zunächst zu einer riesigen Explosion des alten Sterns. Anschließend fällt der Rest des Sterns in sich zusammen. Er wird dabei so dicht zusammengepresst, dass von dem riesigen Stern nur noch ein kleines Kügelchen übrig bleibt. Aber dieses Kügelchen ist nun wie ein unvorstellbar starker Magnet. Es verschlingt alles, was in seine Nähe kommt: Staubkörner, ganze Sterne – selbst das Licht. Deshalb kann man das Loch auch nicht sehen! Und alles fällt zusammen in das kleine Kügelchen in der Mitte.

Solche schwarzen Löcher vermutet man zum Beispiel in der Mitte einer Galaxie. Und auch sonst gibt es in unserer Galaxie möglicherweise Millionen von schwarzen Löchern. Das nächste schwarze Loch ist vielleicht nur 30 Lichtjahre von uns weg!

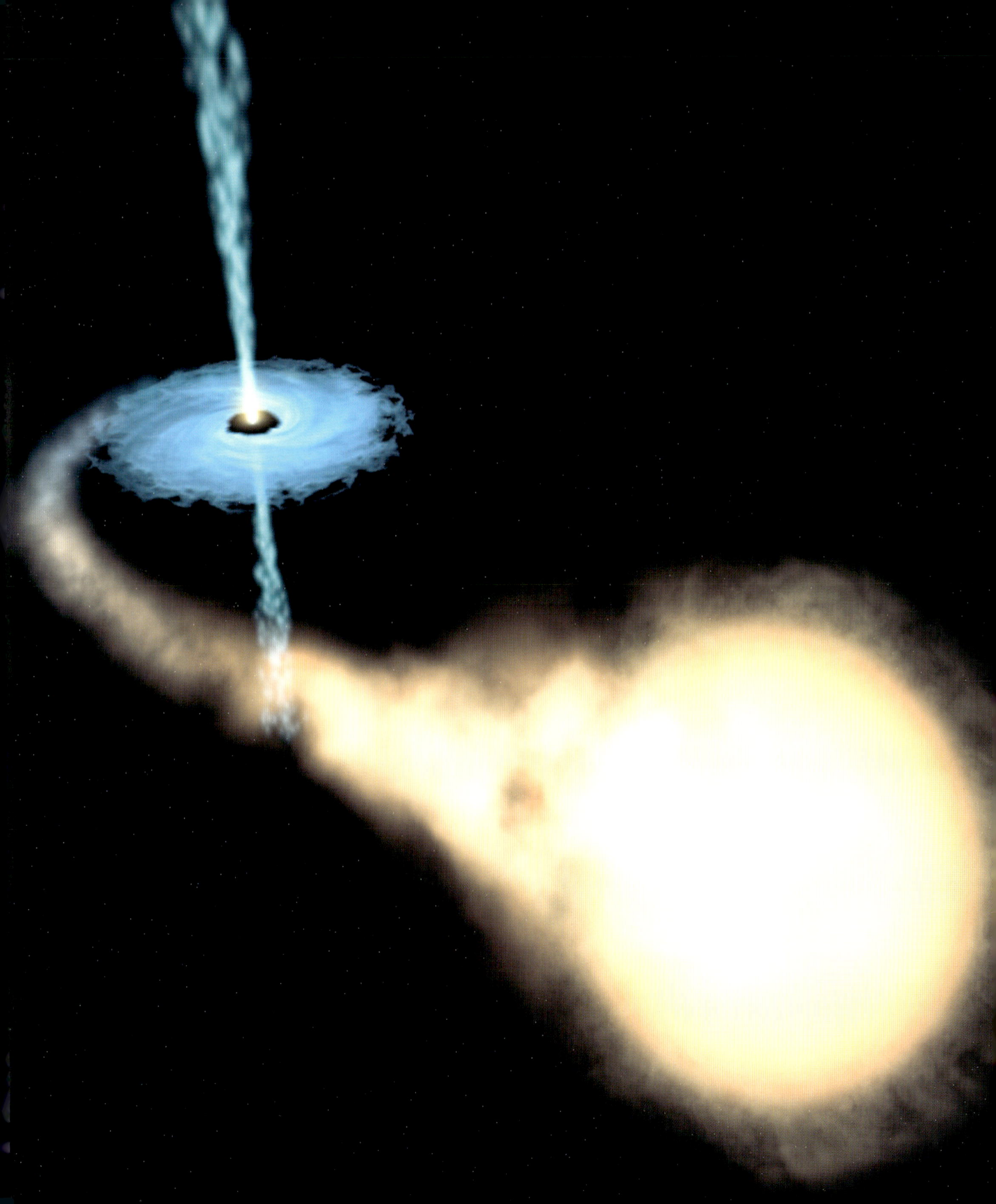

Warum stoßen die Planeten nicht zusammen?

Die Erde und die anderen acht Planeten unseres Sonnensystems bewegen sich auf Kreisen um die Sonne.
Jetzt stellst du dir vor, dass du einen Stein an einer Schnur um dich herumschleuderst. Sobald du die Schnur loslässt, fliegt der Stein fort. So ist das auch bei den Planeten. Sie werden von der Sonne angezogen, hängen also sozusagen mit einem unsichtbaren Seil an ihr fest. Und sie sausen gleichzeitig im Kreis um sie herum. So lange die Sonne die Planeten durch ihre Anziehungskraft festhält, werden sie genau auf ihrer vorgeschriebenen Kreisbahn bleiben. Da jeder Planet auf einer anderen Kreisbahn wandert, also einen anderen Abstand von der Sonne hat, können die Planeten nicht zusammenstoßen.

Was Kinder wissen wollen

In der Reihe „Was Kinder wissen wollen“ sind bereits folgende Titel erschienen:

Was wäscht der Waschbär?
Verblüffende Antworten aus der Tierwelt
ISBN 978-3-86613-072-2

Woher kommen Blitz und Donner?
Verblüffende Antworten über Himmel und Erde
ISBN 978-3-86613-073-9

Warum haben wir zehn Zehen?
Verblüffende Antworten über den Körper
ISBN 978-3-86613-200-9

Wie kommen die Streifen in die Zahnpasta?
Verblüffende Antworten aus dem Alltag
ISBN 978-3-86613-201-6

Hatten Dinos Karies?
Verblüffende Antworten über die Saurier
ISBN 978-3-86613-239-9

Woher weiß der Toast, wann er fertig ist?
Verblüffende Antworten aus dem Alltag
ISBN 978-3-86613-240-5

Wie viele Höcker hat ein Kamel?
Verblüffende Antworten aus der Tierwelt
ISBN 978-3-86613-256-6

Wie spült die Klospülung?
Verblüffende Antworten aus der Technik
ISBN 978-3-89858-257-5

Können Schmetterlinge hören?
Verblüffende Antworten über kleine Tiere
ISBN 978-3-86613-227-6

Was spuckt ein Vulkan?
Verblüffende Antworten über Naturgewalten
ISBN 978-3-86613-228-3

Wo ist im Weltalll oben und unten?
Verblüffende Antworten über den Kosmos
ISBN 978-3-86613-237-5

Warum knallt die Knallerbse?
Verblüffende Antworten über Pflanzen
ISBN 978-3-86613-238-2

Wie kommt der Ritter in die Rüstung?
Verblüffende Antworten über das Mittelalter
ISBN 978-3-86613-270-2

Wie macht die Kuh die Milch?
Verblüffende Antworten über den Bauernhof
ISBN 978-3-89858-269-8

Können Fische rülpsen?
Verblüffende Antworten über das Meer
ISBN 978-3-86613-282-5

Warum hat ein Bagger Zähne?
Verblüffende Antworten über Baustellen
ISBN 978-3-86613-283-2

Warum stinkt der Käse?
Verblüffende Antworten über Essen und Trinken
ISBN 978-3-86613-293-1

Warum tragen Indianer Federn?
Verblüffende Antworten über Indianer
ISBN 978-3-86613-294-8

Wann ist der Ball im Tor?
Verblüffende Antworten über Fußball
ISBN 978-3-86613-506-2

Wo beginnt der Regenbogen?
Verblüffende Antworten über Himmel und Erde
ISBN 978-3-86613-507-9

Wie schnell ist die Feuerwehr?
Verblüffende Antworten über die Feuerwehr
ISBN 978-3-86613-523-9

Frieren Pinguine an den Füßen?
Verblüffende Antworten über Eis und Schnee
ISBN 978-3-86613-525-3

Wann darf der Lokführer aufs Klo?
Verblüffende Antworten über die Bahn
ISBN 978-3-86613-524-6